古生物传奇系列①

暴龙妈妈的育儿经

李宏蕾 邢立达◎主编　[德]亨德里克·克莱因◎科学顾问　新曦雨◎绘

吉林科学技术出版社

扫一扫

暴龙　见解说1

2

在遥远的白垩纪晚期，大地被大片大片茂密的针叶树林与低矮的灌木丛覆盖着。在一片茂盛的森林中，一雌一雄两只高大健壮的暴龙相遇了。

　　它们看起来十分凶恶，那巨大的脑袋和布满利齿的嘴巴让人觉得非常恐怖。暴龙又向来都是独行侠，谁都不知道两只暴龙相遇后会发生什么事情。

　　但是这次的相遇却没有发生任何危险的事件，因为它们相爱了，结成了夫妻。

刚刚结婚的暴龙先生和暴龙太太在森林中建造了温暖结实的巢，这个巢又大又结实，足够让暴龙妈妈把它们未来的蛋宝宝安置在里面。

　　它们很快有了许多蛋宝宝，这些蛋宝宝安安静静地躺在巢里。

　　要是想问什么时候能看到暴龙温柔的一面，那一定就是现在了。这对陆地上战斗力最强的恐龙常常温柔地看着自己未出生的孩子们，它们满心欢喜地期待着新生命的诞生。

天色渐渐暗了，月亮慢慢爬了上来。暴龙爸爸决定趁着天黑之前，去试着捕捉一只猎物。暴龙妈妈这样尽心尽力地照顾着它们还没出世的孩子，它也要照顾好暴龙妈妈才行。

　　于是暴龙爸爸站起身，迈着大步朝着森林外面的平原走去。那里经常有许多植食性动物活动，它可以去那里碰碰运气，看看能不能为暴龙妈妈捕点什么回来。

暴龙妈妈留在巢旁守着蛋，耐心地等待暴龙爸爸归来。

　　森林里起风了，风呼呼地吹动着树叶发出很大的响声，它用身体护住蛋，避免风太大将它们吹到巢外；森林里下起雨了，雨水透过树枝噼里啪啦地打到了暴龙妈妈的身上，它从附近的灌木上找来宽大的树叶遮住蛋，避免蛋宝宝们被雨水淋湿。

　　无论是刮风还是下雨，暴龙妈妈都没有离开自己的巢太远，它等了好几天，可是暴龙爸爸再也没有回来。

在这片危机四伏的土地上，即便是身体健壮的暴龙，在外出捕猎的时候也有可能遇到意外。暴龙妈妈没有时间去伤心，暴龙爸爸不在了，它要独自照顾好它们的蛋，让它们平安地孵出来，把它们养育成活泼健壮的小暴龙。

　　但是饥饿让它现在必须离开巢去捕捉猎物，它的孩子还没有孵化呢，它不能现在就饿倒了！

谨慎的暴龙妈妈认认真真地检查了一下盖着树叶的巢，觉得万无一失后，才一步三回头地离开了。

　　它或许可以试着去平原上看一看，那里应该有大群的植食性动物在活动。

三角龙　见解说 7

暴龙妈妈特别幸运，它刚刚走出森林，就发现了一大群三角龙，它们正在那里悠闲地进食。

　　暴龙妈妈躲进了附近的树丛，小心翼翼地向三角龙群靠近。作为一只捕猎经验丰富的暴龙，暴龙妈妈在完全没有惊动这些三角龙的情况下就来到了对于它来说足够接近的地方。

　　现在它需要在这群毫无警惕的三角龙中确定一个最方便攻击的目标，再大吼着跳出去把它咬住就可以完成这次捕猎了。

很快，暴龙妈妈发现了一只冒失的小三角龙。它正追着一只小蜻蜓跑来跑去，它跑的方向正好是暴龙妈妈潜伏的灌木丛，它越跑越近，越跑越近，最后几乎跑到暴龙妈妈的眼前了。

　　那只蜻蜓停在了离暴龙妈妈很近的灌木上，小三角龙正聚精会神地看着那只蜻蜓。丝毫不知道在身后的灌木丛里有一双锐利的眼睛。

　　暴龙妈妈屏住呼吸，突然大吼一声，从藏身的地方一跃而出。

小三角龙吓呆了，它离暴龙妈妈太近了，想跑都没有机会，被暴龙妈妈一下子咬住，无法动弹。

　　听到暴龙妈妈的吼叫声，三角龙群立刻陷入一片慌乱，它们在平原上乱跑，很快就全部逃走了。

　　不过暴龙妈妈并不在意那些逃走的三角龙，它已经达到目的，抓到猎物了。

暴龙妈妈快速吃掉了它的猎物，填饱肚子后急匆匆地往回赶路。它要快点回到它的巢边，它不知道它的孩子们是否有危险，它们还没有孵化，还没有看到这个多姿多彩的世界呢。

　　当它赶回来的时候，正巧看到两只贼头贼脑的驰龙在它的巢边。它们长得瘦瘦的，有两条细长的腿。有一个坏家伙此时已经张开嘴去咬她的蛋宝宝了！

　　对于健壮的暴龙妈妈来说，这两只小小的驰龙不会对它构成丝毫的威胁；但是这两个身体灵活的小坏蛋对巢里安静躺着的蛋来说，却是非常危险的！

驰龙　见解说10

暴龙妈妈大吼一声冲了过去。看到暴龙妈妈愤怒的身影，刚刚正准备干坏事的驰龙们只得放弃了计划，转身快速溜走了。

　　暴龙妈妈守在巢边一直盯着它们，直到它们消失在视线范围内，才回到巢边趴了下来。它看着巢里安静的蛋宝宝们，脸上的表情也变得柔和了许多。

　　突然，它听到了几声破裂声，它的宝宝们已经开始孵化了！

在暴龙妈妈的精心照料下，这些小暴龙们长得非常健壮。它们很快打破蛋壳钻了出来，紧紧地围在暴龙妈妈身边，东看看西看看，和刚刚见面的兄弟姐妹们打着招呼，忙着观察这个新奇的世界。

暴龙妈妈数了数它的孩子们，一共四只，暴龙妈妈给它们每只都起了一个可爱的名字：最先孵化的叫牙牙；第二只和第三只是一起孵出来的，暴龙妈妈叫它们大毛和小毛；最后一只破壳的暴龙宝宝被叫作豆豆。

暴龙妈妈慈爱地看着这些小家伙，过不了多久这些小家伙就会闹着要食物，所以它要再出去捕猎才行，它可不能饿到这些可爱的小暴龙们。

这一次暴龙妈妈在森林边走了很久，才在河边遇见一群鸭嘴龙。河水波光粼粼，鸭嘴龙们有的在岸上吃着植物的根茎，有的在水中嬉戏。

　　暴龙妈妈不需要捕捉太大的猎物，一只又鲜又嫩的小鸭嘴龙就足够让它的孩子们吃饱出生后的第一餐。

　　暴龙妈妈躲在灌木丛后面的时候，被警惕的鸭嘴龙群听见了它发出的细微声响。这些感受到危险的鸭嘴龙们惊慌失措地向水中逃去，面对暴龙这样的陆地王者，只有进到水里它们才有逃跑的希望。

　　这次暴龙妈妈算是费了些力气，才成功地捉到一只小鸭嘴龙。

鸭嘴龙　见解说 13

风神翼龙　见解说 14

虽然有些疲惫，但是暴龙妈妈还是很开心的叼着新鲜的猎物往回走，可还没等它靠近巢，就听到远处孩子们惊恐的叫声。它立刻丢下嘴里的猎物，快速奔向巢边。

看清情况后的暴龙妈妈吓了一跳，一只大个头的风神翼龙正站在它的巢里，啄食着它的孩子们！

这只可恶的风神翼龙！暴龙妈妈大吼一声，让它离孩子们远一点。它扑了过去，打算抓住这只该死的风神翼龙，它绝对不允许孩子们受到伤害！

风神翼龙看到怒气冲冲的暴龙妈妈后只得仓皇逃命，赶快飞走了。暴龙妈妈赶紧低头看看巢里孩子们的情况。

牙牙和豆豆受了伤，但是都没有大碍，多亏暴龙妈妈回来得及时，它们才免于被风神翼龙吃掉。

　　四只小暴龙围在妈妈身边，它们还在因为刚才的遭遇而瑟瑟发抖，这是它们生命中第一次遇到危险。暴龙妈妈安抚着它的孩子们，它也在心里后怕，要是刚刚它没回来得这么及时，结果将不堪设想！

　　等孩子们平静下来之后，暴龙妈妈才匆匆跑回到刚才的地方，将被它丢下的猎物叼了回来。又惊又饿的暴龙宝宝们立刻围到猎物四周，等着妈妈替它们撕开猎物坚硬的皮肤，好饱餐一顿。

在暴龙妈妈的喂养下，小暴龙们长得飞快。没用多久，它们就长到妈妈的一半大了。此时的暴龙妈妈已经开始教它们学习生存的方法。教它们如何埋伏与捕猎，也教给它们如何在危险的敌人面前保护自己。

在暴龙妈妈的眼中，它的孩子们还太弱小了，有可能会被其他肉食性恐龙攻击、伤害。

终于有一天，小暴龙们从妈妈那里把应该学的都学会了。它们认为自己可以很熟练地运用这些生存的本领，便告别妈妈自信满满地一起出发了。

　　它们走了许久，终于在森林深处的湖泊边上发现了一群鸭嘴龙，四只已经长大了很多的暴龙决定将其中的一只成年鸭嘴龙当作出击的目标。

　　它们将妈妈的埋伏战术学得非常好，相互之间也非常有默契。很快，这群初出茅庐的小家伙就悄无声息地来到了鸭嘴龙们的附近。

随着一声声还十分稚嫩
的吼叫声，四个小家伙们纷
纷从藏身的地方跳了出来。
牙牙和大毛从正面攻击它们
一开始定的目标，小毛和豆
豆在后面围堵它。
　　听到吼叫声的鸭嘴龙群
顿时慌乱起来，它们拼尽全
力朝着水边跑去。被当成目
标的那只鸭嘴龙也成功地逃
出了包围圈，飞快地跳进河
中，朝着对岸逃去。

这次在目标的选择上有些失误，小毛和豆豆有些丧气。突然，它们发现鸭嘴龙群中有一只似乎受过伤，所有忙于逃命的鸭嘴龙里，只有它跑得很慢，已经被落在队伍的最后面了。

　　小暴龙们互相看看，都明白了这只落在最后的鸭嘴龙就是它们的新目标。这一次它们攻击得很顺利，不一会儿，那只鸭嘴龙就成了小暴龙们的盘中餐。

暴龙妈妈一直躲在灌木丛后，看着它聪明的孩子们采用团队合作的方式进行作战，也看到它们因为目标错误而错失良机，还看到它们最终成功地捕捉到了猎物。

　　优秀的孩子们让它很欣慰，也有些伤感。这意味着它们再也不是需要妈妈帮它们捕猎、帮它们撕开硬皮的暴龙宝宝了，它们已经长大了。

　　终于到了与孩子们分别的时候，暴龙妈妈悄悄地离开了。而小暴龙们也会在不久之后彼此分开。暴龙妈妈相信终有一天，它的孩子们都会拥有各自的一片天地。

《暴龙妈妈的育儿经》解说

1 暴龙是一种生活在白垩纪晚期的大型兽脚类肉食性恐龙，体长10~13米，头部高度近6米，成年暴龙体重平均7.6吨。暴龙的后肢十分发达，用来支撑它沉重的身体。暴龙是白垩纪时期体形最为强壮的肉食性恐龙，也是陆地上的顶级掠食者之一。

2 暴龙被认为具有守巢穴的天性，它们用树枝和沙土等材料建造坚固的巢穴，用来保护蛋。在孵蛋期间，暴龙夫妻会轮流守在巢穴旁，寸步不离，由另一只外出捕猎并带回食物。别看暴龙外貌凶残，但其实它们是非常尽职尽责的父母。

3 在白垩纪晚期的北美洲，有大片的杉树和针叶树森林。这些树木通常非常高大，组成的森林是暴龙这样的大型肉食性恐龙藏身和生活的理想环境。高大而粗壮的树干之间有足够的空间让暴龙在其中穿行，而森林的阴影也足以将暴龙的身形隐藏起来，让森林外的植食性恐龙难以发现。

4 暴龙这样身材高大的肉食性恐龙可能会采取与现代的鳄鱼相似的方式来孵化自己的蛋：它们建造坚固的巢穴，然后将很多枯枝和叶子堆在巢上面，利用这些枝叶腐烂发酵产生的温度孵蛋。不过暴龙的代谢水平可能要比鳄鱼高，它们也有可能利用自己的体温来孵蛋。

5 在繁殖和孵蛋期间，暴龙夫妻中若有一只遭遇意外，只有一只成年暴龙进行守护巢穴的工作时，这只暴龙会减少进食，专心守在窝边等待幼崽孵化，就算外出寻找猎物也不会离巢穴太远。

白垩纪晚期：

暴龙

三角龙

驰龙

鸭嘴龙

风神翼龙

6 暴龙的前肢退化得十分严重，仅有80厘米左右，长度只有后腿的22%。在对暴龙前肢用途的猜测中，古生物学家普遍认为这种短小的、仅有两根手指的前肢无法辅助捕猎。事实上，暴龙的前肢甚至无法碰到自己的嘴巴，因此古生物学家猜测，这种前肢可能仅仅用来保持头部平衡，或者在暴龙从地上爬起时用来支撑身体。

7 三角龙拥有能够辅助获取并切断植物的喙状嘴，同时三角龙口中牙齿有数百颗之多。这些牙齿以每列30~40颗的方式排列成齿系，被认为能够上下咬合切割食物，并能不断生长并更新换代。这样的口腔结构显示三角龙会摄食包含苏铁科植物在内的多种植物，更多的研究人员则认为它们可能并不介意以何种植物为食。

8 三角龙拥有可以有效保护脖颈的巨大颈盾及三根尖角——两根几乎平行向前伸直的额角及一根较为短小的向上伸直的鼻角。三角龙被确定为四足行走的恐龙，其前肢最早被认为是向外扩展的姿势并能辅助支撑头部重量。经过对足迹化石及骨骼的重建研究，三角龙的前肢被认为保持在完全直立与完全伸展之间。

9 在对三角龙自卫方式的模拟测试中，研究人员令三角龙仿真模型以每小时24千米的速度撞向一只模拟暴龙，结果在三角龙的模型的额角刺穿暴龙皮肤的同时，头骨前端发生了断裂。因此研究人员猜测三角龙在面对暴龙等大型掠食者的时候或许无法利用额角撞击的方式进行自卫。

10 驰龙，又名奔龙，是一种小型兽脚类肉食性恐龙，主要分布在白垩纪时期的加拿大艾伯塔省与美国西部。这类恐龙身长仅有1米，身材纤细，双腿细长。驰龙尾巴由成束的棒状骨组成，细长僵硬，能够在快速奔跑时有效地保持身体平衡。

11 虽然驰龙科恐龙浑身覆盖有绒毛及原始羽毛，但从化石的研究中人们发现，驰龙科并不具备飞行能力。因此它们的羽毛被认为是用来保暖或是用于孵蛋。驰龙与其他小型兽脚类恐龙一样，拥有细长的后腿和僵硬的尾部，是通过快速奔跑追逐来捕获食物的肉食性恐龙。

12 暴龙的头部巨大，上颌较宽，下颌较窄。咬合时上下颌对被咬物体所施加的力不完全相对，因此咬合力更强。在模拟实验中，成年暴龙的咬合力被认为能够达到10万至20万牛顿之间，能够轻易地咬断骨头。暴龙的牙齿并不锋利，而是呈香蕉状，这种形状的牙齿能够帮助暴龙压碎猎物的骨头。

13 鸭嘴龙是一种大型鸟臀类双足植食性恐龙，由于其嘴部长而扁平，与现代鸭类相似而得名。鸭嘴龙是一个非常庞大的家族，在白垩纪晚期，鸭嘴龙类恐龙占据了同时期植食性恐龙种类的75%。这类恐龙通常用后肢行走，用尾部来保持平衡，但一些古生物学家相信鸭嘴龙同样可以采用四足的方式行走。

14 风神翼龙是一种生活在白垩纪晚期的神龙翼龙科翼龙，又名披羽蛇翼龙。该翼龙颈长3米，翼展达到10米以上，是人类已知的最大的飞行动物。由于拥有庞大的身躯和超过1米长的喙部，风神翼龙在陆地上同样是令小型动物畏惧的掠食者，哪怕是暴龙这样的终极猎手在破壳时也有可能会受到风神翼龙的威胁。

15 暴龙可能是一种具有育幼行为的肉食性恐龙。在孵化后直到独立生活之前的一段时间内，幼崽会一直留在父母身边，接受父母的照顾和喂养。直到幼崽长到一定年龄，并且具备一定捕猎技巧后，成年暴龙才会离开幼崽，让它们开始独立生活。

16 根据化石研究发现，暴龙从刚孵化的幼崽长到一只成年暴龙的大小需要不到20年。在暴龙的生长期结束之后，它们还会继续生长。只不过在这时它们已经停止长高，而是骨骼在继续加粗。这样就使得成年和老年暴龙看上去比年轻暴龙更加强壮。

17 暴龙过于笨重的身体和庞大的头部使得它们无法奔跑。而短小的前肢也不利于奔跑时保持身体的平衡，所以暴龙只能依靠粗壮的后肢进行快速行走。根据化石证据推断，暴龙捕猎时只能采用伏击的方式，它们尽量靠近猎物，看准时机后突然袭击来获取猎物。

18 在化石研究的过程中，研究人员曾认为拥有顶饰的鸭嘴龙为半水生恐龙，能够游泳，因此趾间应当生有蹼。然而20世纪80年代于美国出土的一具鸭嘴龙干尸却证明了这类恐龙并不具有趾蹼，但因为它有着与现代鳄鱼类似的皮肤，人们仍旧认为鸭嘴龙类恐龙具有两栖能力。

19 与其他大多数植食性恐龙一样，鸭嘴龙以群居的方式生活。相对其他植食性恐龙来说，鸭嘴龙没有自卫武器。所以在应对肉食性恐龙的袭击时，鸭嘴龙通常以快速奔跑作为逃生手段，生活在水边的鸭嘴龙也会通过在水中快速游泳来逃脱追捕。

20 在与父母分开后，年轻的暴龙并不会立刻独居，而是会与兄弟姐妹一同生活一段时间。在这段时间内，年轻暴龙会通过团体合作的方式来进行捕猎和自卫，直到身体完全长成后才会分道扬镳，这段时间可以说是暴龙一生中唯一的一段"集体生活"。

暴龙骨骼

暴龙的错误站姿

　　大最初，人们把暴龙想象成一种"灵巧的巨兽"，但是在搭建骨架时遇到了阻碍：人们无法将重达两吨的骨架复原成心中的形象，只好把它组装成尾巴拖地的直立模样。这种错误的复原姿态也影响了很多人心中的暴龙形象。

暴龙会不会奔跑

　　大型兽脚类从未留下奔跑的足迹，一些科学家因此认为它们无法奔跑。但另一部分科学家却认为暴龙拥有灵活的腿部和强大的肌肉，可以像鸵鸟一样迈着大步高速奔跑，甚至能达到40千米的时速。

中文名称：暴龙
名称含义：残暴的蜥蜴之王
分　　类：暴龙类
食　　性：肉食性
身　　长：约10~13米
生存时期：白垩纪晚期
生活区域：北美洲、亚洲

1 暴龙的头骨

相对于其他兽脚类恐龙来说，暴龙的头骨更大，口鼻部相对狭窄，头部后方更加宽阔，下颌也更加灵活，这样的构造能够保证暴龙在撕咬时不会因猎物挣扎而受伤。

2 可怕的大嘴

暴龙的鼻部骨骼能帮助暴龙将咬合力更好地传达到猎物身上。根据模拟实验计算，暴龙的咬合力相当于大白鲨的两倍、狮子的六倍。

3 暴龙的牙齿

暴龙的牙齿可达十几厘米至二十几厘米长，呈现出后弯的形状。牙齿上面拥有明显的棱脊，能够在咬合时有效地刺入猎物皮肤并撕裂肌肉。

4 暴龙的小短手

暴龙的前肢又短又细，碰不到嘴也碰不到脚。因此这种前肢被认为只是用来维持头部平衡，或者用来帮助它们从地上爬起来的。

暴龙化石的发现

1902年，恐龙化石采集家巴纳姆·布朗发现了一具巨型肉食性动物骨骼化石，这具化石位于美国蒙大拿州的地狱溪附近。布朗花了整整两个夏天的时间，从坚硬的砂岩中将骨架挖出。他还制作了一种马用雪橇，将沉重的骨头运到公路附近，让这副史前巨兽的骨架与世人见面。

图书在版编目（CIP）数据

暴龙妈妈的育儿经 / 李宏蕾，邢立达主编；新曦雨绘. -- 长春：吉林科学技术出版社，2018.6
（古生物传奇系列）
ISBN 978-7-5578-3618-4

Ⅰ．①暴… Ⅱ．①李… ②邢… ③新… Ⅲ．①恐龙—儿童读物 Ⅳ．① Q915.864-49

中国版本图书馆 CIP 数据核字 (2018) 第 056894 号

暴龙妈妈的育儿经 BAOLONG MAMA DE YU'ER JING

主　　编	李宏蕾　邢立达
科学顾问	［德］亨德里克·克莱因
绘	新曦雨
出版人	李　梁
责任编辑	朱　萌
封面设计	吉林省凯帝动画科技有限公司
制　　版	吉林省凯帝动画科技有限公司
全案执行	长春新曦雨文化产业有限公司
美术设计	孙　铭　徐　波　刘　伟
数字美术	李红伟　李　阳　贺媛媛　马俊德　周　丽　付慧娟　王梓豫　边宏斌
	张　博　贺立群　宋芳芳　王　欣　姜　珊
文案编写	惠俊博　张蒙琦　辛　欣　王牧原

开　　本	787 mm×1092 mm　1/16
字　　数	50 千字
印　　张	3
印　　数	1-10 000 册
版　　次	2018 年 6 月第 1 版
印　　次	2018 年 6 月第 1 次印刷
出　　版	吉林科学技术出版社
发　　行	吉林科学技术出版社
地　　址	长春市人民大街 4646 号
邮　　编	130021
发行部电话/传真	0431-85652585　85635177　85651759
	85651628　85635176
储运部电话	0431-86059116
编辑部电话	0431-85659498
网　　址	www.jlstp.net
印　　刷	吉广控股有限公司
书　　号	ISBN 978-7-5578-3618-4
定　　价	26.80 元

正版验证激活
打开 App 应用，扫描
激活码激活设备。

扫描

激活码

特别提示：
1. 新设备首次使用本 App，需要重新扫描激活码进行正版验证激活。
2. 一个激活码可激活 7 次 App，请妥善保存好激活码。